NOUS SOMMES

LIVRÉS

AUX BÊTES.

A MESSIEURS

LES CULTIVATEURS ET PROPRIÉTAIRES,

VOISINS DES BOIS,

H. SELVES,

CULTIVATEUR DU CANTON DE BRIE, DÉPARTEMENT DE
SEINE-ET-MARNE.

Première Lettre.

NOUS SOMMES LIVRÉS AUX BÊTES.

PARIS,

CHEZ LEVAVASSEUR, LIBRAIRE, AU PALAIS-ROYAL,
ET CHEZ TOUS LES MARCHANDS DE NOUVEAUTÉS.

SEPTEMBRE, 1829.

PREMIÈRE LETTRE,

A MESSIEURS

LES CULTIVATEURS ET PROPRIÉTAIRES,

VOISINS DES BOIS.

H. SELVES, cultivateur du canton de Brie, département de Seine-et-Marne.

MESSIEURS ET CONFRÈRES,

Vous savez combien de soins et de peines nous coûtent les récoltes, que chaque année reproduit : souvent la plus belle espérance est détruite, par un accident de la température : souvent aussi des animaux destructeurs viennent ravager les productions les plus précieuses. Ce dernier fléau, pouvant être évité, vous ne trouverez pas, sans utilité, quelques détails, relatifs à des dommages de ce dernier genre, que j'ai éprouvés ; aux démarches vaines que j'ai faites, pour être indemnisé ; et, enfin, aux mesures nécessaires, pour réussir dans ces démarches.

Habitant au bord d'une forêt, j'ai souvent, malgré moi, le spectacle du nombreux cortège d'une chasse au gros gibier ; hommes, chevaux, chiens etc., qui servent aux plaisirs de l'un de nos Princes. Si malheureusement l'animal poursuivi prend la plaine, aussitôt les chiens, sur sa trace, les piqueurs et leurs chevaux, sur les pas des chiens; enfin toute la chasse passe bravement au milieu des blés, des avoines, des luzernes; en un mot rien n'est obstacle au noble courage qui anime toute la troupe.

Pour des amateurs curieux, ce spectacle peut avoir quelqu'attrait. Combien je suis loin de partager cette admiration chevaleresque! D'abord n'allez pas vous figurer que ces chasses aient pour but de nous débarrasser d'animaux malfaisans : bien au contraire ; on en importe à grands frais, de loin ; peut-être de ces nobles forêts féodales de l'Allemagne, qui n'en furent jamais dépeuplées. On les lâche dans nos forêts, afin de pouvoir multiplier ces promenades, qui façonnent si bien nos emblavures.

Est-ce là tout le mal ? Non, à beaucoup près. Ces nobles cerfs, ces biches que les poëtes nous peignent si timides, ne se nourrissent pas seulement des feuilles et des herbes des bois, qu'ils dévastent; ils viennent encore familièrement paître nos blés, nos avoines en herbe : lorsque l'épi du blé est formé, ils reviennent majestueusement choisir, sur le faîte des sillons, les plus beaux; et, loin de se contenter de la dixme de notre bien, ils en enlèvent parfois le quart, le tiers et même la moitié; et cela, sans compter le tort causé par leur *piétinement*.

Ainsi, vous le voyez, nous avons, tout à la fois,

l'honneur de fournir un vaste champ, pour les courses de ces animaux et l'avantage de les nourrir.

Mon but n'est pas de blâmer la chasse, mais simplement de prier les amateurs de ce noble amusement, de se borner à l'exercer sur leur terrain, et de prévenir ou réparer les dégâts que nous éprouvons.

Je me propose encore de consigner, ici, les moyens d'obtenir justice de ces dommages, lorsque, contre la volonté bien connue de nos princes, de réparer, autant qu'il est en eux, le mal causé par leurs chasses, il arrive, par la faute de leurs serviteurs, que cette bienveillance reste sans effet.

Au préalable, il convient de motiver la présente missive, par le détail des dommages, que j'ai soufferts et dont je n'ai pu être indemnisé. En publiant les torts des agens de S. A. R. Monseigneur le duc de Bourbon, torts auxquels le Prince est, sans doute, entièrement étranger, j'ai pour objet de préserver, du même mal, ceux d'entre vous, Messieurs, qui croiraient suffisant de prouver la vérité d'un fait, pour le faire reconnaître. Méprise étrange, dans laquelle je suis tombé! J'ai été dupe de ma patience, de ma crédulité. Je crois remplir le devoir d'un bon citoyen, en prenant, dans la publicité, le meilleur moyen d'empêcher d'honnêtes gens, simples comme moi, de se faire la même illusion.

Pendant les quatre premières années de ma culture, c'est-à-dire depuis 1823, j'ai éprouvé des dommages, qu'au surplus subissent annuellement tous les cultivateurs, voisins des bois : j'ai patienté, j'ai tout supporté, sans me plaindre , sans réclamer : faute d'expérience , je regardais toujours le mal comme momentané.

La cinquième année, en 1828, les cerfs et les biches après avoir, durant le printemps, qui fut pluvieux , piétiné et mangé en herbe les blés les plus voisins de la forêt, survinrent aussitôt les épis formés et en moissonnèrent les plus beaux. J'étais malheureusement au lit, avec la fièvre, ce qui m'empêcha de connaître tout le désastre : je fis prévenir le garde-champêtre , qui dressa un procès-verbal, constatant que le dégât, sur 42 arpens de blé, était du tiers de la récolte : c'était la moitié, suivant les moissonneurs, alors en besogne.

Plus tard, débarrassé de la fièvre, mais incertain de ce que j'avais à faire , pour être indemnisé de la perte de la majeure partie de mon revenu ; répugnant à discuter mes intérêts , avec les gens de S. A. R., ainsi qu'il en est souvent chez les princes, je me laissai entraîner au conseil, que me donna un ami , d'adresser une requête au duc de Bourbon personnellement.

Mon droit n'était pas douteux ; les renseignemens, dont j'offrais la preuve, n'étaient point vagues : enfin copie du procès-verbal et le certificat du maire de la commune, attestant la vérité des dégâts, furent joints à la requête. Certes, on devait bien, au moins, daigner examiner, sauf à réduire, s'il y avait lieu, la somme que je demandais. En examinant, peut-être aurait-on pu faire valoir le prétexte de la non observation de certaines formes préalables, que l'on exige, pour constater ces dégâts ; formes que j'ignorais, faute d'avoir jamais réclamé. Oui, sans doute, on le devait : mais ignorant que j'étais ! j'avais commis une faute grossière, énorme, impardonnable : je ne savais pas que ces demandes devaient être adressées à M. l'écuyer commandant des écuries et vénerie du prince, personnage dont l'existence m'était inconnue, ou plutôt que c'était au porte-carabine, valet du prince, portant la livrée, que je devais me soumettre. Voilà mon crime ! il est grave : je crains même qu'il ne soit pas encore assez expié, bien qu'on ait gardé l'argent qui m'était dû, afin de me faire faire pénitence.

A défaut d'espèces, un dédommagement de pure politesse me fut accordé. M. l'intendant-général, ayant transmis mes pièces à M. l'écuyer commandant, ce dernier eut l'extrême bonté de m'envoyer son arbitre en chef, le porte-carabine. Ce personnage me représenta gracieusemement que le prince ne pouvait pas m'indemniser des pertes antérieures, mais que l'on tâcherait de me payer les dégâts subséquens, de manière à compenser le passé.

Admirable moyen de régler et de solder un compte ! M. l'écuyer dédaigne d'examiner si mes réclamations sont fondées, si réellement la perte de la majeure partie de mon revenu de 1828 à 1829 a été causée par les biches ; si, enfin, dans un moment de disette, je suis forcé de supprimer le travail à plus de cinquante personnes, que je fais vivre annuellement, et dont la subsistance a été la proie des bêtes fauves : voilà qui est décidé, je porterai cela sur mon prochain mémoire…. pour mémoire : telle est votre décision, M. l'écuyer; encore si vous ne la donniez que comme la vôtre ! mais, faites-vous dire au porte-carabine, c'est le prince qui ne peut m'indemniser. Y pensez-vous? Quoi! le prince, selon vous, ordonnerait une injustice : non, bien certainement, S. A. R. ignore le détail de ces sortes d'affaires. Jamais elle n'a pu entendre que l'on opposât, en son nom, des fins de non-recevoir, indignes de son caractère et de son rang. En effet, il ne s'agissait point d'une d'affaire portée devant les tribunaux, mais de la vérification d'un fait, que l'on n'a pas seulement daigné examiner.

Ainsi, pour paiement de l'arriéré, on m'offrait une promesse pour l'avenir : veuillez, Messieurs, prêter votre attention à la manière dont va être effectué le paiement en promesse, ou la promesse du paiement (C'est tout un je vous l'assure; il était décidé que je n'aurais d'autre paiement qu'une promesse).

Je réponds à l'honnête porte-carabine qui, joue ici le rôle de mandataire du prince, que sans admettre le mode si expéditif de libération, qu'il venait de me proposer, j'allais lui faire voir une pièce de blé, de la récolte de 1829, d'environ onze arpens, dont la moitié était retournée ou piétinée par les sangliers.

Arrivé sur le terrein, le porte-carabine trouve le dommage trop considérable, pour l'estimer lui-même, et me prévient qu'il reviendra avec un expert.

Il revient effectivement avec son expert, et, sans m'appeler, il est décidé par ces deux messieurs, que ce dommage se réduit à dix boisseaux, par arpent, et qu'avec 4 à 500 fr. je serai largement indemnisé.

De mon côté, je prie les deux principaux cultivateurs de ma commune, de venir examiner la pièce de blé : leur jugement est que la moitié de la pièce est retournée ou piétinée : cependant leur opinion est défavorable à la réussite du blé, fait sur des pommes de terre, quelque bien fumées et bien binées qu'elles aient été ; ils n'évaluent pas moins le produit de l'arpent à cinq setiers, s'il n'eût pas été abimé ; en sorte que, suivant cette évaluation, l'arpent ne devait plus produire que deux setiers et demi, pareille quantité ayant été détruite ; au total, vingt-sept setiers et demi perdus, qui à 40 fr. au lieu de 50 fr. qu'il valait alors, font 1,100 fr., non compris la valeur de la paille.

Ainsi le porte-carabine, afin de me tenir loyalement compte des pertes anciennes non remboursées, et bien autrement considérables, avait jugé à propos, dans sa sagesse, de réduire des deux tiers le premier dommage avenu (1).

______

(1) Loin d'exagérer ici, voici le résultat de la moisson, qui prouve l'extrême modération de mes deux experts :

Je prévins l'impartial porte-carabine de sa méprise : il revint avec son premier expert et un
nouveau : de mon côté, j'appelai l'un des deux cul-

Les onze arpens ont fourni 2,500 gerbes : on a battu 500
gerbes, prises dans l'épaisseur du tas : le produit a été 8 setiers 7 boisseaux et demi, ou 12 hectolitres 94 litres ; ce qui
fait, pour les 2,500 gerbes 43 setiers 1 boisseau et demi, ou 64
hectolitres 70 litres ; c'est-à-dire, à peu près 4 setiers, ou 6
hectolitres, pour chaque arpent. Ainsi, l'estimation première
du porte-carabine se trouve n'être guère que le cinquième de
la réalité, et sa seconde estimation, dont je vais rendre compte,
est moindre que le tiers.

De nombreux témoins pourront attester les résultats, dont
j'affirme ici la vérité. Reste à présent, à démontrer le fait, re-
connu par mes deux experts, que la moitié de la pièce avait
été dégarnie de plants par les sangliers. J'invite les incrédules
à vérifier le fait, sur les lieux. Bien que les moissonneurs, les
charrettes, chevaux et troupeaux aient rempli les plus petites
excavations, à cause de la flexibilité de la terre, il en reste
encore assez pour prouver la modération de mes experts, qui,
eux-mêmes, n'ont fait monter leur évaluation qu'aux trois
cinquièmes de la valeur réelle. Car, au lieu de 1,200 f. c'est
2,000 fr. que je perds.

Si, comme je dois le croire, M. l'écuyer n'a agi que légèrement, il prendra la peine, sans doute, de vérifier à quel point
on l'a trompé. S'il juge à propos de n'en rien faire, il demeu-
rera constant que l'injustice est de son fait. Ainsi, ces 2,000 f.,
les 5,000 f. de pertes éprouvées en 1828, et les 8,000 de dégâts partiels, durant les quatre années précédentes, font bien
15,000 fr. que je déclare ici ne représenter, qu'en partie, la
valeur de ma cote contributive (non volontaire) aux plaisirs
du prince.

tivateurs, que j'avais déjà prié d'examiner le délit, et qui persista dans sa première évaluation. Les deux experts du porte-carabine, un peu honteux de la première estimation de l'un d'eux, augmentèrent les quatre à cinq cents francs d'environ deux cents francs. Le noble porte-carabine me signifia, en vrai président, que j'aurais un peu plus de six cents francs; mais, attendu que je ne m'étais pas contenté de la première estimation, au lieu d'être payé de suite, suivant l'usage, je ne le serais qu'après la St-Martin : en outre, au lieu de l'estimation de 40 fr. par setier, établie lors de la première expertise, bien que le blé valut alors (en avril) 50 fr., on suivrait le cours de l'époque, à laquelle le paiement serait fait.

Il me prévint aussi qu'il allait dresser un procès-verbal de cette expertise, lui et ses deux experts, sans le concours des miens, et que ce serait là tout ce qui me serait accordé.

Voilà bien un valet, tranchant les difficultés, établissant des règles d'expertise toutes nouvelles, donnant ainsi à penser que c'est pour humilier et dégoûter les cultivateurs, dans leurs demandes, qu'on les soumet à d'aussi sottes vexations.

Néanmoins, je ne ferai pas à M. l'écuyer l'injure de penser qu'il a pu diriger toute la conduite du porte-carabine, dans cette dernière affaire : ce serait lui supposer les idées les plus étroites : mais je lui reproche l'inconvenance dégradante de soumettre à la décision d'un valet, l'évaluation des torts éprouvés par les cultivateurs. Jadis les Romains ne livraient aux bêtes que les esclaves condamnés; et ils savaient honorer les bons citoyens. Si notre destinée, à nous cultivateurs, voisins des bois, est aussi d'être livrés aux bêtes, que du moins on ne double pas le supplice, en nous livrant ensuite à des valets.

Il est passé, irrévocablement passé le temps où les gens, qui se croyaient seuls la Nation, regardaient l'agriculture, le commerce et l'industrie comme des professions dégradantes : non il n'est plus permis d'ignorer que la force de la raison, l'opinion publique, ont remis chaque chose à sa place. L'homme utile à la société est celui qu'elle reconnaît pour honorable : personne ne peut plus dédaigner impunément la classe laborieuse et indépendante des cultivateurs.

Ennemi de tout scandale, mais non moins ennemi de tout abus, j'ai long-temps hésité, avant d'exhaler publiquement mes plaintes. Deux fois j'avais écrit et fait deux visites à M. l'intendant-général, au Palais Bourbon, afin d'obtenir qu'il fût envoyé sur les lieux, quelqu'un de réellement digne de confiance, pour examiner les premiers dégâts. Je lui avais déclaré que, lors même qu'il ne devrait m'être rien accordé, je tenais, par honneur, à prouver la réalité des pertes, dont je réclamais la valeur. Tout fut en vain : M. l'intendant, après avoir usé, envers moi, du moyen si connu, nommé force d'inertie, en retardant toujours de déférer à ma demande, sans la repousser, envoya enfin mes pièces à M. l'écuyer-commandant. J'écrivis à ce dernier qui, à son tour, voulant prévenir les effets de ma persévérance, me fit une réponse écrite, qui confirme toutes les réflexions que je viens de faire.

Cette lettre renfermant quelques notions qui peuvent vous être utiles, je crois devoir vous mettre à même de juger quels fruits vous pourrez tirer d'une correspondance avec ces messieurs. Pour bien juger du fond et de la forme de cette lettre, considérez, mes confrères, quels sont les lieux d'où elle est émanée, et vous sentirez les suaves inspirations que le noble baron a pu y puiser.

ÉCURIES ET VÉNERIE DE S. A. R. MONSEIGNEUR LE DUC DE BOURBON.

Monsieur,

« J'ai reçu la lettre que vous m'avez fait l'hon-
» neur de m'adresser et dans laquelle vous m'in-
» vitez à commettre une personne de confiance
» pour examiner sur les lieux, d'après les rensei-
» gnemens que vous fournirez, les dégâts commis
» depuis 1823 sur votre propriété.

» Je suis fâché, Monsieur, de n'avoir rien à
» ajouter à la réponse que M. le baron de S..... a
» eu l'honneur de vous faire à l'égard d'une sem-
» blable demande que vous lui avez adressée, et
» je me réfère entièrement à cette réponse. »

Ainsi, M. l'écuyer, le plus court est de ne rien examiner. Vous profitez du droit que vous croyez avoir d'opposer une noble fin de non-recevoir, vous n'hésitez pas à le faire; voilà qui est décidé, vous n'aimez pas les vérifications, c'est ce que j'ai déjà remarqué. Mais pourquoi faites-vous dire à M. l'intendant ce qu'il n'a pas dit. Moins absolu que vous, il m'avait d'abord allégué l'éloignement des quatre premières années; et, sur ce point, j'aurais été presque de son avis, et j'aurais regardé comme porté pour mémoire, le montant des dégâts, du reste bien réels, éprouvés pendant ces quatre années, me doutant bien d'ailleurs que l'on chercherait à payer le moins possible. Mais pour la cinquième année, s'il m'a reproché de ne pas avoir su la marche que vous suivez, toutefois m'a-t-il assuré que la volonté du prince était que personne ne souffrît pour ses plaisirs. Vous traduisez cela d'une manière singulière, en véritable écuyer tranchant. Quant à la sixième et présente année, c'est votre aide-de-camp, porte-carabine, qui a tranché, malgré ce que vous dites, et que vous exprimez ainsi dans votre lettre :

« Quant aux dégâts qui pourraient se commettre
» en ce moment, je suis prêt à les faire constater;
» je vous ai déjà donné des preuves de mes inten-
» tions à ce sujet en envoyant M. NAMUR (1),

---

(1) Dans l'épitre ce nom est ainsi écrit en grosses lettres.

» assisté de deux cultivateurs de votre pays, qui
» ont dressé, comme experts, le procès-verbal
» d'un dégât occasionné par des sangliers. L'éva-
» luation de ces messieurs n'a pas paru vous satis-
» faire, mais ce n'est pas ma faute; ils ont agi en-
» vers vous en conscience et même ils ont mis
» l'avantage de votre côté pour chercher à vous
» contenter. »

Grand merci de cet avantage! Comment? vos deux experts, que vous dites de mon pays, et qui, je vous assure, n'en sont pas, et me sont même inconnus, réduisent un dommage de 2,000 fr. à 4 ou 600 fr., *ad libitum*, et vous appelez cela un avantage! avouez que vous avez voulu faire là une une mauvaise plaisanterie, ou plutôt que le porté-carabine vous a dit autre chose que la vérité.

« Au surplus, Monsieur, nous n'avons pas *trente-*
» *six manières* (1) d'agir lorsqu'il faut faire des ex-
» pertises de cette nature; on s'en rapporte tou-
» jours au procès-verbal qui est dressé par des
» experts nommés contradictoirement, et une fois
» ce procès-verbal en règle le paiement en est or-
» donné et fait de suite. Telle est, Monsieur, notre
» manière d'agir envers tout le monde, et *nous ne*
» *pouvons pas faire des exceptions pour personne.* »

---

(1) Combien le style de M. l'écuyer est poli, et sent son homme de cour!

Je n'ai qu'à vous louer, Monsieur, de cette profession de foi, que je regarde comme sincère. Mais voyez comme il est malheureux que vous preniez, pour base de vos décisions, le rapport de votre homme de confiance : s'il était vrai que vos experts et les miens eussent dressé un procès-verbal, quelle qu'eût été leur décision, je ne me fusse permis aucune observation : mais l'homme de confiance a oublié de vous dire que mon expert qui, pour le coup, est de mon pays et très à même d'estimer avec précision, dans notre localité, ses terres touchant aux miennes, a persisté dans son évaluation première, n'ayant qu'une conscience, et qu'il n'a aucunement concouru à la rédaction du procès-verbal, que vos experts ont pu dresser. Voilà, Monsieur, l'exacte vérité : si vous l'aviez sue, vous n'auriez pas employé le mot contradictoirement, qui n'est ici que contradictoire à la vérité.

« Je dois vous *observer*, en terminant, que
» *mon temps est extrêmement occupé* et que par-
» conséquent *je ne puis pas* m'engager dans une
» correspondance avec vous sur cette matière, car
» je n'aurai jamais d'autre réponse à vous faire *re-*
» *lativement à ce dont il est question.* »

Soit : mais vous trouverez bon que j'écrive au public, qui accueille, avec intérêt, tout ce qui tend à signaler des abus, et sait apprécier, à leur juste valeur, les jugemens qui, comme le vôtre, sont rendus sans examen.

Vous avez fort à faire, je le sais : deux cents chevaux, plusieurs centaines de chiens, et les conducteurs de toutes ces bêtes, ne sont pas peu de chose à gouverner ; mais, alors, il est bien malheureux que l'on ait mis, dans vos attributions, les cultivateurs et leurs indemnités de récolte ; ce qui les place en la compagnie des valets et des animaux que vous commandez. Ce mélange est d'autant plus fâcheux, que vous soignez de préférence, à ce qu'il paraît, tout l'attirail de chasse ; ce qui vous a forcé, bien entendu, à couper court, dès ma première lettre. Encore si, au préalable, vous m'aviez remboursé, je me serais peut-être consolé de cet ordre cruel, qui m'enlevait le plaisir et, tout à la fois, l'honneur de recevoir de vos épîtres, modèles du genre. En me privant de mon argent, aviez-vous la prétention de m'enlever aussi le droit de me plaindre ?

Arrivons à votre admirable *post-scriptum :* quel coup de massue ! ce n'était pas assez de faire main-basse sur mon arriéré ; voilà mon avenir perdu, entièrement perdu : je suis hors la loi par votre décision, et c'est un animal nuisible qui en est cause ! n'auriez-vous pas mis, par hasard, votre cravache à la place du fléau de la balance de Thémis ?

« *P. S.* Depuis que j'ai commencé cette lettre,
» j'ai été informé que vous aviez fait faire une bat-
» tue dans votre bois pour détruire une biche qui
» s'y trouvait. Cette mesure change entièrement
» votre position à notre égard *et je ne puis pas*

» *vous donner aucune assurance* d'indemnité pour
» l'avenir puisque vous ne *respectez* plus nos ani-
» maux. »

Je ne respecte plus vos biches, dites-vous ! libre
à vous, M. l'écuyer, de respecter toutes les bêtes
que vous voudrez ; vos rapports journaliers avec
un nombre infini d'animaux, peuvent vous avoir
inspiré des sentimens, que je ne puis concevoir,
et encore moins partager : songez que tout est
avantage pour vous dans ce genre d'affection
et dans vos travaux des écuries et vénerie du
prince ; vous êtes payé pour cela : mais, quant
à moi, privé de mon revenu et nullement
remboursé de mes pertes, il faudrait que je
fusse hors de sens pour vous obéir. Moins prodigue
de respects, je réserve mes sentimens pour ce qui
est vraiment honorable. Je tâche de m'acquitter
consciencieusement de tous mes devoirs, et jamais
je n'ai payé mes créanciers avec de mauvais procédés.

Respectez plutôt les honnêtes gens, M. l'écuyer,
et ne méconnaissez pas aussi légèrement leurs
droits ; cela vous fera plus d'honneur. Peut-être
n'avez-vous pas voulu employer le mot *respecter*,
dans son acception propre. Quoiqu'il en soit, votre
P. S. est bizarre et de difficile interprétation. Un
seul point m'y paraît clair, c'est l'intention où vous
êtes de dire *non* et toujours *non* à mes réclamations, témoin cette phrase :

» *Et je ne puis pas vous donner aucune assu-*
» *rance d'indemnité*, etc.

Voyez, deux négations pour une, qui seule était déjà de trop ! Quelle preuve plus évidente de la surabondance de vos dispositions négatives à mon égard ! Savez-vous que grammaticalement parlant, deux négations valent une affirmation ? Ah! un baron ne saurait l'ignorer. Aurais-je relevé une faute que vous n'auriez pas faite? vaine illusion! non, je n'ai pas été remboursé et ne le serai probablement pas. Je n'aurai ni mon argent ni le plaisir de vous voir agir et parler en Français.

Quoi qu'en dise votre *post-scriptum*, je ne puis regarder comme douteux le droit de chasser de chez soi des animaux malfaisans, et même de les tuer, ce que je n'ai point fait. Vous êtes dans l'erreur, si vous croyez pouvoir refuser des indemnités à celui qui, usant du droit de propriété, repousserait de chez lui votre gros gibier. Comment! vous croyez pouvoir impunément infester nos champs d'animaux nuisibles, soit en les faisant venir d'ailleurs, soit en les faisant garder soigneusement; et vous exigez que nous restions spectateurs respectueux des dégâts journaliers que nous causent toutes ces maudites bêtes! Vous payez ces dégâts, dites-vous; mais comment..! j'en sais quelque chose : admettons que vous les payez complètement : pensez-vous, M. l'écuyer, que tout puisse être payé avec de l'argent? Vous figurez-vous qu'un cultivateur, jaloux de ses succès, ne soit pas vivement affecté de voir moissonner, d'avance, un champ, dont la beauté récompensait de longues peines? Nous croyez-vous

encore parqués dans nos communes et privés de
tout droit de penser et de raisonner? Quoi! vos
bêtes, dont vous réclamez si noblement la suzerai-
neté, portent, chaque jour, scandaleusement, atteinte
au droit de propriété, et vous voulez, qu'outre l'in-
certitude de récolter ce que nous avons pénible-
ment semé et la privation forcée de ce droit le
plus précieux de la propriété, nous soyons encore
condamnés, tout à la fois, à l'abandon du droit de
repousser le gibier qui infeste nos champs, et à
l'oubli, bien autrement honteux, de toute pudeur
humaine, en respectant des animaux destructeurs,
dont le bien-être est évidemment préféré au nôtre?

Revenez de votre erreur, M. l'écuyer : veuillez
croire à une vérité d'observation, que vous ignorez
probablement, mais qui est démontrée par la puis-
sance des faits et que permet de vérifier l'expérience de chaque jour. La classe moyenne de la
société, c'est-à-dire celle qui comprend principale-
ment la magistrature, l'instruction publique, l'agriculture, le commerce, l'industrie, en un mot les
sciences et les arts, est la classe par excellence :
vos rapports avec elle ne sauraient vous faire déro-
ger, et il n'est ni juste ni prudent de s'appuyer légèrement sur des préjugés surannés, dont l'em-
preinte s'efface tous les jours. Quelqu'honneur qu'il
y ait à faire partie de la maison d'un prince, dont la
famille est placée à la tête de la société, il ne faut
user que sagement de la commission, dont on est
chargé, alors que personne ne met en doute la vo-

lonté bien connue de votre maître de faire respecter les droits de tous les propriétaires, ses voisins.

Si vous trouvez étrange de voir figurer ici ces explications, M. le baron, d'autres trouveront bien plus étrange que vous les ayez motivées.

A présent, Messieurs et Confrères, il me reste à vous parler :

1º Des moyens qui me semblent le plus efficaces pour constater la réalité des dégâts causés par le gibier ;

2º Des dispositions légales qui garantissent nos droits à des indemnités ;

3º Enfin des motifs qui m'ont engagé à vous adresser la présente lettre.

Il est un usage établi dans diverses communes, et que, par conséquent, plusieurs, parmi vous, doivent connaître. Je le consigne ici, pour ceux qui, comme moi, l'ont ignoré jusqu'à présent. Cet usage prévient toute partialité, au préjudice de l'indemnisant ou de l'indemnisé : il consiste à rédiger trois procès-verbaux, à trois époques différentes ; l'un, à la fin des semailles d'automne, pour constater la culture faite aux emblavures ; le second, au mois de mars, pour apprécier les dégâts commis par la paisson ou le *piétinement* du gibier ; enfin le troisième, au mois de juillet, époque à laquelle on apprécie les dégâts faits sur la récolte. La rédaction de ces trois actes amiables exige le concours du maire de la commune, ou de deux membres du conseil municipal délégués, d'un expert, de celui qui doit les indemnités ou de son délégué, enfin de l'expert de ce dernier.

C'est le moyen amiable d'obtenir justice complète des dégâts, dont la trace s'efface par les pluies ou par la végétation. Il est d'autant plus essentiel de tout constater à ces trois époques, que l'herbe même, qui n'a fait que remplacer les plantes détruites par le gibier, est souvent regardée comme la preuve d'une mauvaise culture : en sorte que le résultat du dégât devient un moyen, dont les gens du prince font arme, pour diminuer leurs estimations.

Si l'on éprouve de la difficulté à faire intervenir un agent du prince dans les trois expertises, il reste l'action civile pour obtenir satisfaction.

Ce droit est d'autant plus évident, que le dédommagement des dégâts causés par le gibier n'est point un acte de pure munificence, de la part des propriétaires des bois. En effet la législation a été fixée plus d'une fois, à cet égard, par la Cour de cassation : entr'autres arrêts, ou peut consulter ceux du 3 janvier 1810, du 9 avril 1814 et du 14 septembre 1816, qui tous décident que le propriétaire d'un bois est passible des dommages, causés par le gibier, qui y fait sa demeure, et que l'article 1383 du code civil lui est applicable.

Si la cour suprême a ainsi statué, sur les dégâts, causés par le menu gibier, qui souvent pullule, contre le gré du propriétaire du bois, son asile, elle serait bien autrement sévère, contre ceux qui peupleraient, eux-mêmes, leurs forêts de gros animaux plus nuisibles. Il est même à croire, qu'outre l'indemnité du dégât causé, elle accorderait des dommages et intérêts à la partie lésée; d'après cette considération, qu'en peuplant ses bois de gros gibier et le faisant multiplier et garder soigneusement, le propriétaire n'a pu ignorer combien il nuirait à ses voisins; et, dès lors, les dégâts ne sont plus les résultats d'un délit involontaire, mais bien d'une cause immédiate, dont l'existence dépend de la volonté du délinquant.

Aussi est-il inconcevable que les gens, chargés de vérifier ces dégâts, loin de faire des estimations loyales et complètes, et d'apporter dans ces sortes de transactions des formes convenables, se permettent de réduire scandaleusement et selon leur bon plaisir, la valeur des dommages les plus évidens. Il importe donc de se mettre à l'abri de tout arbitraire.

Rarement les cultivateurs s'écrivent-ils entr'eux, aussi longuement que je le fais ici, et surtout par la voie de l'impression : cependant il ne saurait être inutile de publier les abus, et, de préférence, ceux qui révoltent, tout à la fois, par leur cause et par leur effet : on ne peut me soupçonner, ici, d'avoir pour but unique de me faire mieux rembourser de mes pertes : je dois plutôt m'attendre à quelque nouvelle injustice, si l'occasion se présente, sauf mon droit de la publier, à son tour. Mais, au moins, aurais-je rempli le devoir d'un bon citoyen, en cher-

chant à vous donner l'éveil sur de honteuses décep-
tions. Il me semble même d'autant plus louable de
chercher à flétrir des prétentions surannées, qu'au-
jourd'hui nous ne pouvons prévoir tout ce que l'a-
venir nous prépare. Que si l'on veut absolument
faire retomber le peuple français, dans l'état d'a-
vilissement où il a végété, pendant les siècles d'une
tyrannique ignorance, il importe que toutes les
voix s'élèvent contre le triomphe de l'ineptie, sur
le bon sens.

Aussi me proposé-je de vous faire connaître,
dans une seconde lettre, tous les bienfaits que la
chasse, et surtout la chasse des grosses bêtes, a pu
répandre sur la France, au temps d'heureuse mémoire; temps regrettable, où l'on préférait pendre
un vilain, que de perdre un levreau. C'était là le
triomphe typique du privilége: admirable allégorie
en action, pour apprendre, à chacun, l'importance
que les maîtres mettaient à la vie de leurs valets.

La partie historique de ces nobles prouesses sera
suivie d'observations morales, sur les résultats de la
passion de la chasse chez ceux qui s'y laissent entraîner. A la suite de cette seconde lettre, plusieurs
autres seront publiées, pour vous entretenir des
divers sujets qui nous intéressent le plus. Puisse cet
exemple, suivi par des confrères plus capables,
réaliser, parmi nous, l'usage si précieux, établi aux
États-Unis, de s'enrichir mutuellement, par le concours de toutes les lumières.

Si l'on cherche réellement à nous ramener au

bon temps, sachons, en toute chose, ce qu'il était, afin de prévenir, de tous nos efforts, une honteuse rétrogradation, qui, plus tard, ferait croire, qu'au premier tiers du 19ᵉ siècle, un nouveau Josué est parvenu à suspendre le cours du soleil, audessous de l'horizon, afin qu'une longue nuit prit la place du beau jour de notre civilisation.

Singulière destinée que celle de l'homme livré à une industrie honorable! S'il cherche à consacrer tout son temps, tout son avoir, à se rendre utile à ses semblables, il a sans cesse le spectacle de nobles fainéans, qui le dédaignent, au besoin le ruinent et n'usent de leur influence, auprès des princes, que pour les tromper et nuire à leur pays.

Notre seul rapport avec le gouvernement consiste dans le paiement des impôts. En temps de paix, nous les payons en argent; en temps de guerre, nous les payons en argent et en nature. Le Trésor reçoit sans cesse de nous : jamais il ne fait aucun sacrifice en notre faveur. Si le gouvernement s'occupe des cultivateurs, c'est pour leur reprocher qu'ils produisent trop; effectivement nous payons bien les contributions et nous sommes dans une situation moins précaire que jadis. De ces deux conditions, la première plaît assez aux agens du gouvernement, ne serait-ce que pour multiplier les cumuls de certaines créatures ; quant à notre bien-être, ils le trouvent de trop. Cela peut nous donner l'audace d'émettre quelques réflexions, par exemple, celles que je viens de vous soumettre, et auxquelles j'ajouterai la suivante, qui me semble leur complément.

Je veux parler de M. Syries de Mayrinhac, ou plutôt du reproche qu'il nous fait en disant, *l'agriculture produit trop.*

Cette proposition vous paraît paradoxale, de la part du directeur de l'agriculture. Eh bien! c'est que vous ne la comprenez point. Écoutez! je suis, à quelques lieues près, compatriote du directeur; nous parlons le même patois, et je prétends vous prouver que M. Mayrinhac est plus *conséquent* que vous ne pensez :

Ce noble et grand Figeacois a dit, et très-à-propos : *l'agriculture produit trop.*

Est-ce du blé? Non sans doute : à peine le tiers des habitans de notre planète en mange : en France même, les malheureux s'en passent, dans plusieurs localités, et les consommateurs habituels ont failli en manquer cet hiver.

Du vin? ce n'est pas l'abondance qui nuit, c'est le défaut de mouvement : le gouvernement n'a garde d'y remédier; tout-à-l'heure vous verrez pourquoi.

Des fourrages? non certes : il ne faut pas oublier que notre chef de file est directeur des haras.

Les diverses matières premières qui alimentent le commerce et l'industrie? Il est peu probable que ces deux branches essentielles de notre prospérité, soient surchargées des produits de l'agriculture : ce ne pourrait arriver, qu'en supposant de la négligence de la part du gouvernement ; par exemple, si par politesse, urbanité, galanterie, il soignait, de préférence, les intérêts de nos bons voisins les anglais.

Il a donc voulu dire autre chose notre patron ? Rappelez-vous ce précepte : la lettre tue, l'esprit vivifie ; or, laissons là la lettre et attachons-nous à *l'esprit* du directeur, et, nous allons découvrir, dans l'éloquente phrase, un secret de haute politique ; un secret, qui, seul, peut nous expliquer la conduite de la plupart des grands hommes d'état, de ces hardis génies que, par ignorance, nous taxons, parfois, d'aveuglement.

Voici le fait : supposons que les agens du gouvernement, les privilégiés et leurs créatures, en un mot, les hautes parties prenantes du budget, soient en France au nombre de 30,000 ; c'est-à-dire que leur proportion avec la masse des 30,000,000 de français, soit de un à mille. Peut-être y aurait-il moyen de concilier les intérêts des uns et des autres : Mais c'est ce dont il s'agit rarement. Le grand point politique, le salut de l'état consiste à examiner ce qui convient aux trente mille privilegiés : c'est-là ce qui a été jugé le plus important, par bonne part des grands hommes, qui ont bien voulu nous gouverner et qui nous gouvernent encore. Leurs efforts ont constamment tendu à bien apprécier cette proposition-ci, qui est précisément la raison d'état : *Quelle somme de bien-être peut-on permettre aux 29,970,000, pour le plus grand bien des 30,000 ?*

Si le peuple est trop misérable, les privilégiés peuvent être privés de plusieurs jouissances : si le peuple est heureux, il a le loisir de raisonner , il s'apperçoit que l'on a toujours fait mille malheureux , pour un heureux et le voilà séditieux : en effet il veut conserver sa portion de bonheur ; mais les 3o,ooo ne veulent pas de partage.

D'après cela, est-il difficile de deviner ce qu'a voulu dire le bon directeur , il sait bien qu'il est encore bon nombre de malheureux : mais faites attention, qu'il en faut 29, 970,000 : c'est donc simplement, par calcul de chiffre, c'est-à-dire, avec vérité qu'il a dit : *l'agriculture produit trop.*

N'eût-il fait que le dire ? c'eût été peu efficace : or voici l'un des ingénieux moyens, qu'il a trouvés pour atteindre son but : il eût été insuffisant de nous recommander de moins labourer , moins semer ; nous eussions peu suivi ce conseil , puisqu'enfin il faut payer des fermages, des contributions. Eh bien M. Mayrinhac, *si ce n'est lui, ce doit être lui,* a le premier, depuis la restauration, imaginé, donné l'idée de repeupler nos forêts de gros gibier : oui, c'est nécessairement lui qui a eu cette pensée généreuse. Aussi sans qu'il soit besoin de loi, ni d'ordonnance, ce que l'agriculture produit de trop, selon lui , est consommé sur place, sans frais, ni transports, tant l'administration est maternelle : et cette admirable combinaison, fournissant, tout à la fois, à la classe privilégiée, le plaisir plus fréquent de la chasse et un assortiment plus complet de mets recherchés , penserait-il l'illustre directeur, après un aussi admirable service rendu à la patrie..., pour les 3o,ooo, parvenir au faîte des grandeurs!

Notre position est triste, mes chers confrères, ainsi que je vous le dis, au commencement de ma lettre : nous n'avons pas seulement les élémens à combattre. Décidément NOUS SOMMES LIVRÉS AUX BÊTES. N'importe, prenons courage; notre magistrature et l'opinion publique ne nous laisseront pas à la discrétion de ces animaux, et de l'insolent arbitraire des valets. Pour ma part, je vais donc rester à la discrétion du gros gibier, mon voisin; et, de plus, exposé aux petites vengeances, soit de M. l'écuyer, soit du puissant porte-carabine, qui, d'abord, a cru pouvoir en user, à son aise, avec moi, chétif, présumant qu'avec ma veste de paysan et mes occupations journalières, je n'aurais ni l'audace, ni le temps de me plaindre. En compensation j'aurai, messieurs, je l'espère, vos suffrages, favorables, non à mes paroles, mais à mes actions. Je laisserai à mes lettres suivantes, le soin de vous prouver combien l'indignation a sur moi plus d'empire, que l'intérêt pécuniaire. Ce sentiment, plus fort que mon amour propre, m'a naturellement porté à vous signaler les effets *du bon plaisir en sous ordre* : je m'en fusse abstenu, si je n'avais considéré que mon peu d'habitude d'écrire et mon goût pour la tranquillité. Mais, vous le savez, la plupart des hommes se lamentent volontiers sur les injustices; bien peu ont le courage d'affronter l'humeur des gens en position de nuire. Chacun est bien aise que les vérités soient dites : personne ne veut se mettre en avant : on a même vu des poltrons blâmer hautement ce que leur conscience approuvait tout bas. L'homme faible se fait un mérite, au besoin, d'une lâche réserve, parce que, n'ayant pas la force de savoir jouir de l'indépendance de l'homme libre, il croit trouver un avantage matériel à se taire.

Mais pourquoi ne pas avoir exposé de vive voix mes griefs au prince lui-même ? en vérité ! pour être renvoyé à ses agents et trouver ceux-ci encore plus mal disposés.

M'adresser aux tribunaux ? soit pour l'avenir : mais pour le passé, je n'ai pu deviner, avant l'épreuve, toute la bonne-foi du porte-carabine et consorts ; et, partant, je n'ai pas songé à m'approvisionner de moyens judiciaires, que j'eusse regardés alors comme superflus. Je me suis adressé par écrit directement au prince, qui m'a renvoyé à l'intendant, celui-ci à l'écuyer, et ce dernier m'a mis à la discrétion du porte-carabine : mal m'en a pris : je me mets ici à la vôtre, Messieurs : ma conscience a toujours été trop d'accord avec mes actions, pour que je redoute votre jugement.

Paris.—Imprimerie de Carpentier-Méricourt, rue Traînée-Saint-Eustache, n. 15.

9 782019 917203